名师家装新图典

欧式精致风格
EXQUISITE EUROPEAN STYLE

叶 斌 ◉ 编著

张春艳 ◉ 配文

海峡出版发行集团
THE STRAITS PUBLISHING & DISTRIBUTING GROUP | 福建科学技术出版社
FUJIAN SCIENCE & TECHNOLOGY PUBLISHING HOUSE

001

002

003

001 半隔断的电视背景墙令两个功能区域互相渗透；相同的吊顶设计统一了空间，也令沉稳深邃的欧式空间更具开阔气势。

002 空间各个界面都以几何线条分割和装饰，简洁利落。白色吊顶以茶镜镶边，呼应了墙面的茶镜元素，呈现出轻盈的时尚感。

003 刻画细腻的柱头与洛可可式曲线装饰的家具传递出典雅的欧式风情。吊顶和墙面设置的茶镜以借景手法加倍放大视野效果。

004

005

006

004 石膏曲线装饰的吊顶以金箔壁纸贴饰，水晶吊灯与金色的雕花扶栏遥相呼应，古典欧式元素融入到设计细节中，散布到空间的各个角落。

005 一对方壁柱组建的端景墙呼应着地面的经典装饰图案，散发古典气息的玄关奏起华美富丽的空间序曲。

006 深浅渐变的棕色系色调营造了舒适柔和的空间氛围，多角度的灯光组合是让空间倍感温馨的另一个重要元素。

007 简洁的白色吊顶与清浅的杏色壁纸组构出轻盈淡雅的卧室氛围，地板和家具的棕色块面与线条让空间的层次感更丰富。

007

名师家装
新图典
欧式精致风格

主要
装饰材料

❶
皮纹砖

❷
米黄大理石

❸
茶镜条

❹
银狐大理石

❺
石膏线

❻
丙烯颜料图案

❼
实木造型刷白漆

008　白色吊顶、米白色地面、米黄石材墙面组建的空间清透明朗，通顶打造的深色酒柜平衡了空间色调，实用与装饰两相宜。

009　餐厅里天花、地面、主题墙面和柜体都呈现出几何线条的秩序感，与吊灯、餐桌椅的曲线以恰当的线条配比产生和谐美感。

010　圆形灯池里金色的浅浮雕装饰带来欧式经典意味，与璀璨的吊灯相辉映，烘托了就餐环境，强化了视觉中心。

011

011 沙发背景墙用闪亮的银镜雕花装饰，在素雅的电视背景墙的衬托中愈显华丽。湖蓝色的布艺沙发激活了寂静的空间，用色大胆、凸显个性。

012 严谨的对称设计使空间一派端庄沉稳，两大主题墙分别用马赛克拼花和褐色硬包打造，从中创造多变的视觉效果。

013 纯净的空间简化成线条和色彩，床头背景墙以绒布软包与花纹壁纸作为装饰，淡淡地散发出轻古典气息。

012

主要
装饰材料

❶
车边银镜

❷
沙比利饰面板

❸
啡网纹大理石

❹
银镜雕花

❺
马赛克拼花

❻
绒布软包

013

014

015

016

017

014 褐色基调的卧室空间稍显沉闷，采用了富有光泽度的印花壁纸和白色吊顶拉开明度对比，塑造出空间的层次感。

015 米黄大理石是空间的主要装饰材料，材料表面的线条刻画让空间充满秩序感，同时兼具新古典风格的时尚与雅致。

016 黑胡桃木框架内铺贴靓丽的印花壁纸与紫色床屏组构床头背景立面造型，三者色调不同，质感殊异，却可从容相守、和谐共融，充分展现材质混搭的别样魅力。

017 黑胡桃木饰面板通体打造的墙面与拼花木地板组建的卧室稳重大方，充满设计感的欧式天花如明媚的阳光般洒落光线，提亮了空间。

018

019

020

主要
装饰材料

①
沙比利饰面板

②
米黄大理石

③
柚木地板

④
黑胡桃木饰面板

⑤
仿古砖

⑥
实木线条混油

⑦
硬包

018　空间以田园风为主调，木质吊顶、仿古砖地面、印花壁纸、植物花卉装饰画，多种元素巧妙搭配，打造出清新恬淡的空间氛围。

019　吊灯、壁灯与射灯的灯光组合让壁纸更有光泽度，使木墙板的装饰线条更突出，令饰品更精美，极好地烘托了空间氛围。

020　主题墙井然有序的驼色硬包通过一个现代挂饰增添活泼与灵动感，白色家具和透明的主卫令小空间在视觉上得到扩大。

021

021 丰富多样的装饰材质由米色系统一起来，强调了空间的完整性。对称设计的异形吊顶在灯带的描绘下显得凹凸有致，挑高了空间，丰富了造型语言。

023 文化砖贴饰的电视背景墙、仿古砖地面、铁艺吊灯和色彩丰富的布艺沙发将怡人的田园风融入到典雅的空间里，亲切自然的味道缓缓散发出来。

022 连续不断的白色木质线条和简洁大方的吊顶塑造出通透明朗的空间感，几幅油画作品以特有的艺术感染力为居家生活添上美好氛围。

022

023

024

025

026

主要
装饰材料

❶
大理石线条

❷
大理石拼花

❸
文化砖

❹
人造大理石

❺
实木线条混油

❻
大理石拼花

024 白色大理石打造的欧式壁炉，在色彩和造型上与空间整体设计相呼应，凸显立面装饰效果，凝聚空间主题氛围。

025 白色木线条与柔和的驼色肌理壁纸穿插铺叙，自然过渡，加强空间整体感。玻璃推拉门上醒目的几何线条呼应了餐椅的造型，凸显线性美。

026 典雅的端景墙和华美的大理石拼花地面带有醒目的装饰意味，玄关区域给人以美轮美奂的视觉体验。

027

028

029

027 白色和米色是欧式风格的经典色调，空间质韵格外清新优雅；床头背景墙的金属艺术镜以时尚表情成为装饰焦点。

028 白色的木饰面板与印花壁纸是欧式经典装饰语汇，雕花床屏与枝形吊灯进一步加深主题情感，空间氛围舒适雅致。

029 褐色皮革软包在射灯的照射下，细腻的质感与曲面波纹板形成对比，以聚焦亮点呈现感性主题。

030 宽敞的卧室空间兼具书房功能，利用局部下沉吊顶做了虚拟分割；同时运用黑白搭配的色差对比让空间的层次更清晰。

030

O31 空间的立面以米黄大理石为主要装饰材料，沙发背景墙面凹凸变幻的造型极富立体感，空间氛围更显活跃。

O32 墙面典雅的壁纸在灯光的映射下突显了欧式风格的精致，经典的油画和大气的复古家具无声地烘托出高贵柔美的空间氛围。

O33 麻纹肌理无纺布壁纸与温润的木地板铺陈出一室的质朴自然，黑白装饰画则增添了时尚气息，整体空间展现柔和又不失活泼的个性。

主要
装饰材料

❶
浮雕壁纸

❷
木饰面板刷白漆

❸
皮革软包

❹
复合实木地板

❺
大理石凹凸造型

❻
石膏装饰板

❼
无纺布壁纸

034

034 清透明亮的功能空间，舍去繁杂的装饰后，呈现的是简洁实用与舒适大方。

036 大面积的香槟金花纹壁纸彰显欧式的华丽格调，从视觉上减轻了层高限制带来的不适感。黑金花大理石拼花地面和黑色家具稳住了空间色调，增添层次感。

035 贯穿于各个界面的菱形元素将空间融合为一个整体。经典壁柱与闪亮的金箔壁纸渲染出欧式风情，客厅更添一份华贵气质。

035

036

037

038

039

O37 空间各界面没有繁杂的装饰，洗练的块面将曲线玲珑的家具凸显出来，细节的精美造就了一个时尚多变、富有艺术美感的空间。

O38 两个主题墙面分别选用印花壁纸和肌理墙漆，借用紫色调魅惑的色彩内涵装点空间；蓝白条纹的沙发呼应着地面的马赛克波打线，组构出一个柔美浪漫的空间。

O39 深咖啡色床头背景墙、黑胡桃木家具、深褐色拼花木地板与白色衣柜、浅色壁纸形成明度对比，交织出一室温雅。

主要
装饰材料

❶
实木造型刷白漆

❷
金箔壁纸

❸
石膏浮雕

❹
浮雕壁纸

❺
马赛克波打线

❻
黑胡桃木饰面板

040 简洁的圆形灯池用光带来烘托，营造一种温馨的暖调。墙面通顶的白色展示柜用简化的欧式线条勾画，散发出淡淡的古典气息。

042 精心打造的白色吊顶显示出空间的敞阔大气；完整连续的墙面被白色木线分割，材质与色调的统一使空间散发出优雅成熟的气质。

041 吊顶是餐厅重点打造的部分，疏密有致的线条，方圆穿插的造型，搭配多头水晶吊灯，让欧式主题铺展开来。

043

主要
装饰材料

❶
大理石波打线

❷
实木线条混油

❸
石膏装饰板

043 玄关以暖黄色调营造出区域氛围，地面石材拼花图案呼应茶镜修饰的吊顶造型，精致的细节增添空间的时尚与动感。

044 玄关主题墙大幅的花卉手绘图案用简洁的白色墙板衬托，地面繁复的石材拼花用简约的圆形灯池呼应，玄关的设计手法主题突出，繁简得当。

❹
玉石

❺
丙烯颜料图案

044

①

②

046

045 卧室界面装饰线条简洁明快，棕色系由浅到深的梯度变化打造出丰富的层次感，空间显得细致柔和。

046 清丽动人的花朵在紫色壁纸和布艺沙发上尽情舒展，带来田园风的舒缓意境，空间显得亲切而闲适。

047 丁香色绒布软包与蓝灰色暗纹壁纸调和出细腻优雅的彩度，构筑梦幻柔美的卧室氛围。

③

047

048

049

050

主要
装饰材料

①
实木线条刷白漆

②
无纺布壁纸

③
绒布软包

④
实木线条刷白漆

⑤
有色乳胶漆

⑥
人造木纹大理石

048 空间以简练的线与面构成界面装饰，线条优美的家具陈设丰富空间内涵，表达一种笃定与自信的生活态度。

049 空间采用经典的驼色与棕色搭配，质朴温馨，极简的设计使小空间得到最大化的延展。

050 红棕色人造木纹大理石作为框架的洗手台构成感强烈，使平淡的卫浴间更生动，打造出跳色亮点。

051

052

053

051 以文化石贴饰的壁炉造型呼应着铁艺吊灯达成氛围期待；质感细腻的白色沙发彰显尊贵气质，使空间格调卓尔不凡。

052 白色线、面将不同肌理的材质组合在一起，分割空间又统一空间，塑造美感谐调的卧室空间。

053 通顶打造的白色柜体营建井然有序的安静空间，精美的雕花床屏和枝形吊灯以高贵的姿态提升了空间气质。

054　白色踢脚线和门套，瓷青色墙面和蓝色窗帘，清雅的色调组合装扮出别致的花样空间。

055　单纯的白色和浅灰色块面穿插组合，营造沉静内敛的个性空间。地板和家具的棕色充实了空间，丰富色彩层次。

056　醒目的壁炉造型呼应青古铜色风扇吊灯，几分质朴粗犷，几分自然闲适，空间幽幽散发出美式田园风情。

054

055

056

主要
装饰材料

❶
文化石

❷
雕花银镜

❸
皮革软包

❹
有色乳胶漆

❺
灰镜

❻
文化石

057

058

059

057 天花四周一圈金色角线统领了空间里各界面的框边手法。沙发背景墙金丝米黄大理石衬托巨幅油画显得明艳夺目、引人遐想，化身为空间主角。

058 宽敞的餐厅顺应空间结构打造了小型吧台，增添了实用功能。马赛克拼花的主题墙前置金色线条收边的餐边柜，洋溢出华贵气息。

059 金色的科林斯式廊柱配合吊顶造型界定了两个功能区域，体现开放空间的敞阔气势；吊顶、柜体、墙面以金色线条点缀，细腻地刻画出古典欧式的奢华意味。

060

061

062

主要
装饰材料

❶
金丝米黄大理石

❷
大理石波打线

❸
胡桃木通花板

❹
蜂窝状石膏线

❺
皮革软包

❻
花纹壁纸

060　天花蜂窝状石膏线造型因为银箔壁纸的衬托而异常醒目，呼应了空间其他界面的格纹元素，相同的金色调使空间流光溢彩、华美精致。

061　大面积的花纹壁纸铺设墙面，在灯光的照射下装点出浪漫华丽的空间氛围。壁纸、褐色软包和深棕色地板形成色彩上的梯度变化，勾画出空间的层次美。

062　闪着金属光泽的花纹壁纸和质感细腻的皮革软包展示着材质特有的肌理美感，演绎精致优雅的轻古典主题。

063

064

065

063 墙面用米黄大理石通体打造，突出空间整体性，几何块面的造型透露出时尚气息；而复古家具则带着一丝奢华，展现欧式空间的尊贵典雅。

064 醒目的井字格吊顶与立面连续的拱门设计带出大尺度的景深，勾画一个开敞明朗的空间。铁艺吊灯、壁炉和展示柜从细节上点染出新古典的意蕴。

065 各界面运用方正的几何造型与空间整体结构相协调。主题墙一侧装饰灰镜，通过光影的变化衍生虚实趣味。

066 驼色的肌理漆与地面的仿古砖色彩衔接自然，突出了白色家具的精美细腻；墙面一组极富特色的装饰画跳跃而出，成为视觉焦点。

067 空间墙面用胡桃木线条围合深亚麻色硬包，以矩形块面的分割形式营造出理性的空间氛围。

068 挑高的天花有一圈明亮的灯带，配合床头背景墙顶部的点光源，将居室的焦点凝聚在床头，私密空间被打造得极富浪漫情调。

066

067

068

主要
装饰材料

❶
米黄大理石

❷
仿古砖

❸
灰镜

❹
肌理漆

❺
胡桃木线条

❻
绒布硬包

069

069 墙面丰富的装饰材质用米黄大理石统一框边，将空间串成有机整体；银色马赛克、茶镜、金属亮光材质则倾注时尚意趣。

070 白色调的空间里，灰色的硬包低调含蓄，葡萄紫色的床屏高贵神秘，色彩的感染力让空间与众不同。

071 棕色的软包以茶镜收边，亮点在于其精致的银色柱头，欧式床屏和亮闪闪的花纹壁纸隐隐透出华美气息，细节的呼应营建了空间的浪漫与温馨。

072 褐色硬包和灰镜组合装饰的电视背景墙简洁明快，沙发背景墙的印花壁纸则呈现一种繁复美，不同的肌理质感丰富空间的装饰效果。

070

071

072

073

074

073 吊顶的几何造型与柜门造型相呼应，体现了空间的整体统一。电视背景墙壁柱与壁炉的经典造型搭配白色墙板，铺叙出古典欧式风格。松石绿壁纸将错层空间独立出来，以此为背景的白色扶栏和楼梯成了空间中的美妙一景。

074 拼花木地板与胡桃木家具赋予白色空间沉稳感觉。酒绿色的欧式床幔具有厚重浓郁的视觉感，复古浪漫、不显浮夸却韵味十足。

075 电视背景墙和沙发背景墙使用相似的对称形态，米黄大理石与茶镜的材质搭配突显简洁硬朗的气质，复古家具的陈设将古典与时尚联系起来。

075

主要
装饰材料

❶
大理石拼花

❷
实木线条

❸
软包

❹
柚木地板

❺
银狐大理石

❻
木造型刷白漆

❼
石膏装饰板

076 两大主题墙同时使用米黄大理石连续铺贴，尽显挑高空间的不凡气势。璀璨的灯光下，高光壁纸反射出迷人的光泽，高调展示奢华品味。

078 电视背景墙褐色硬包与灰镜采用相同形式的线条分割，规整利落；客厅的圆形灯池搭配一盏动态十足的吊灯，造型的对比变化活跃了空间。

077 菱形图案的白色天花与米黄色地面上下呼应，将空间笼罩在温馨的色调中。银色的艺术摆件与端景桌柔化了空间氛围，成为焦点装饰。

079

080

081

主要
装饰材料

❶
黑金花大理石线条

❷
人造大理石

❸
车边灰镜

❹
实木造型混油

❺
密度板雕花

❻
玻化砖

079　丰富的线条元素装饰了空间的各个界面，空间充满时尚气息。电视背景墙通透部分打造出疏密有致的自然景观，给空间注入无限生机。

080　白色密度板雕花隔断的雕花图案与壁纸、床屏、床品的花纹相呼应，清浅的用色与通透的材质塑造出轻盈典雅的装饰效果。

081　典雅的白色空间给人纯净唯美的视觉感受，泛着金属光泽的花纹壁纸与肌理漆塑造立面层次，空间多了一份精致靓丽。

①

082

082 墙面以木质边框形成几何形的界面分割，营造成熟大气的卧室空间。圆形吊顶安装灯带，暖黄色光温润了空间。

083 敞开式空间界面装饰简洁，只利用吊顶来区分功能区域。温润的木色大量铺陈，与典雅的白色形成清新质朴的居室风格。

084 大面积麦哥利饰面板将空间打造得华贵气派；大理石壁炉对应着沙发背景墙的一幅工笔花鸟画，空间意蕴耐人寻味。

②

083

③

084

085

O85 别致的异形吊顶将曲折的空间结构加以修饰，突显线形美。蓝色调主题墙、灰色花纹壁纸、黑色家具共同营建一个典雅的知性空间。

O86 蓝色与白色疏密相间、互相映衬，简单的两种色调带来灵动而鲜明的画面感，打造出清爽怡人又不乏浪漫的休憩空间。

O87 米黄洞石与灰镜组建电视背景墙，硬朗的材质和方正的形态引领了整个空间的现代风格。沙发背景墙素雅的壁纸上一件艺术壁饰充满动感，柔化了空间。

主要
装饰材料

①
沙比利饰面板

②
石膏线

③
麦哥利饰面板

④
绒布硬包

⑤
杉木板刷白漆

⑥
米黄洞石

086

087

088

089

088 大面积的落地窗让餐厅的光照条件非常理想，就餐区域舒适明亮。红棕色的展示柜平衡整体色调，营造温馨的就餐氛围。

089 红樱桃木实用柜与棕红色木地板共同打造深沉优雅的空间氛围。墙面的组合相框和质朴的布艺沙发散发出安逸的居家味道。

090 白色的肌理漆、米白色的绒布硬包与白色的木质墙裙形成细致柔和的空间氛围，窗帘、床品等紫色系的软装饰突显了女主人优雅浪漫的情怀。

090

091

❶

沙比利饰面板

❷

红樱桃木

❸

绒布硬包

❹

人造大理石拼花

❺

黑胡桃木线条

❻

金碧米黄大理石

091 灰、白两色交织的空间极为清雅。地面棕色人造大理石拼花图案带来醒目的立体感，拉伸了视觉空间。

092 黑胡桃木线条层层勾画，梳理出空间层次。轻浅的色调与几何元素尽显明快干练的空间感。错落有致的几处蓝色调点缀让空间不再平淡。

093 墙体用金碧米黄大理石连贯铺贴，对称的灰镜与灰色地毯、沙发相呼应，空间的材质与色调构成富有现代意韵。

092

093

094

095

096

094 金箔壁纸贴饰的天花搭配金色的枝形吊灯，一室华彩就此铺陈开来。丰富的材质、华丽的色调、精致的家具，每个细节都在诠释华贵与典雅。

095 电视背景墙的白色墙板以银色金属线条框边，呼应了沙发背景墙面银色框的挂画和空间中的金属元素，时尚气息让空间更亮丽。

096 完整的浅咖啡色墙面与棕色木地板组建平和质朴的空间氛围；皮纹肌理的矮柜柜面颇具装饰感，彰显时尚品味。

097

097 干净清透的白色调中搭配沉稳理性的灰色系沙发和同色调的挂画，塑造出一个素雅时尚的客厅空间。

098 空间饰以大面积的蓝色调，让人犹如置身海天一色的大自然中，不仅视觉上放大了空间，也愉悦了身心。

099 客厅、餐厅的天花上，两盏华美的吊灯使空间的联系更紧密。沙发背景墙梅子青色的花鸟壁纸清幽淡雅，呼应了餐厅的墙面色彩，也为居室平添了几分古典美。

098

099

主要
装饰材料

❶
金丝米黄大理石

❷
金属线条

❸
无纺布壁纸

❹
水曲柳木线条

❺
有色乳胶漆

❻
丙烯颜料图案

100

101

102

103

100 沙发后面的软包造型丰富了墙面的装饰语言，调和了黑白两色主导的空间色调；两对罗马柱划分了空间区域，同时展现欧式古典气质的文化底蕴。

101 纯净的白色和极简的装饰品从视觉上扩大了卧室的空间感；茶玻后的卫浴间若隐若现，透露出时尚气息，也减弱了空间的拘谨感觉。

102 周边下沉的吊顶拉升了视觉高度，暗藏的灯带同时提亮了空间，多处的点光源使墙面材质美感得到加强，营造了居室的温馨气息。

103 敞开式的空间以方正的装饰形态打造，明亮的井字格吊顶限定了用餐区域，水晶吊灯与精致的餐具显露出优雅的生活品味。

104

105

106

104　麦色的肌理漆和典雅的白色沙发椅营造出简约飘逸的居家氛围，讲求质感的空间蕴藏着从容与优雅的气质。

105　白色调的空间铺设红棕色实木拼花地板，带来了温暖踏实的感觉，也增加了空间的色彩层次，极具装饰性。

106　对比强烈的黑白色调是营建经典空间的常用手法，弱化了的吊顶和墙面凸显了家具的立体醒目，打造出鲜明的空间感。

主要
装饰材料

❶
银线米黄大理石

❷
复合实木地板

❸
皮革软包

❹
木纹大理石

❺
肌理漆

❻
实木板刷白漆

❼
银色金属线

107

108

107 四周下沉的吊顶暗藏光带提亮空间，沙发背景墙与电视背景墙运用丰富多样的材质表现相同的设计造型，严谨之中不失灵动。

108 空间立面装饰简洁，醒目的黑金花大理石边框使空间的两大主题墙呈现均衡对称的形态，赋予空间雍容大气的端庄美。

109 大花白大理石打造半隔断式电视背景墙，令空间通透而有互动；米黄色玻化砖由地面延伸到墙面，搭配同色系的沙发、地毯、窗帘，带来温婉怡人的空间气息。

109

110

111

112

110 红褐色的柚木地板成为空间设计最好的背景色调，烘托出白色皮质床屏与矮柜、多头吊灯与格纹壁纸的典雅质韵。

111 银箔壁纸将吊顶的灯光效果加以放大，空间多了一丝华丽感。墙面对称设置的明镜扩展景深，丰富光影效果。

112 立面多处采用深浅色调的对比手法，主题墙采用金晶米黄大理石贴面，黑白根大理石框边，材质特有的自然纹理极好地装点了空间。

主要装饰材料

❶ 镜面马赛克

❷ 黑金花大理石

❸ 大花白大理石

❹ 柚木地板

❺ 银箔壁纸

❻ 黑白根大理石

113 敞开式空间不设硬性隔断，圆形的灯池下搭配一盏华美的吊灯，将就餐区域划分出来，也营造了温馨浪漫的就餐环境。

114 不同材质在空间中交错组合、谐调共融，带来丰富的层次感和饱满华丽的空间质感。

115 床头背景墙的皮革软包与床屏线形呼应，对面墙面上繁复的花纹壁纸与电视柜面的图案相契合，展现了深浅颜色搭配、繁简造型结合的设计手法。

116 米黄色和白色形成清新柔美的视觉基调，电视背景墙深啡网纹大理石边框内铺设暗纹壁纸，通过材质色块的层次张力突显主题焦点。

117

❶
木栅格吊顶

❷
金箔壁纸

❸
皮革软包

❹
啡网纹大理石

❺
实木板条混油

❻
碎花壁纸

❼
实木地板拼花

118

119

117 靓丽的壁纸带来清新明快的空间氛围，拉升的藻井式吊顶让空间更舒适，白色花瓣状吊灯给人丰富的联想，细节的打造让小小空间承载了美好的童趣时光。

118 浪漫的粉色壁纸铺陈专属于女孩的幸福空间，天花不设主光源，只以一圈灯带晕染顶部空间，烘托出梦幻氛围。

119 粉红色花纹壁纸与白色家具的组合充满梦幻味道。一盏富有艺术气息的花瓣状吊灯在空间里静静绽放，抒发浪漫情怀。

120

121

120　电视背景墙用红橡木饰面板打造，呼应了白色天花的方圆造型，质朴的材质语言不显张扬，给典雅的欧式空间增添自然温馨的感觉。

121　白色仿古砖铺贴的电视背景墙用黑镜框边，矩形形态呼应了整个空间的线面构成，打造平实而简洁的家居空间。

122　大量铺陈的大理石材质塑造开敞明阔的大空间气势。壁柱与拱廊的造型、局部细节金黄色调的渲染，使空间洋溢着古典奢华的气息。

122

123

124

125

主要
装饰材料

❶
红橡木饰面板

❷
实木地板擦色处理

❸
米黄洞石

❹
密度板混油

❺
大理石波打线

❻
米黄大理石

123 米黄色调的大理石、壁纸、乳胶漆等材质和白色的密度板演绎素雅时尚的空间感，黑色茶几和边几的点缀避免了大面积浅色调带来的单调感。

124 或明或暗的菱形元素将空间丰富的装饰材质统一起来，经典壁柱与多头水晶吊灯折射出欧式的华美与浪漫，为空间点出主题。

125 米黄大理石统一打造墙面，光滑细腻的质感营建清新亮丽的功能空间。咖啡色的端景墙前置银色艺术摆件，升华空间气质。

126

127

128

126　立面的白色墙板以漆金线条造型，与空间里众多的线与面寻求形态上的统一。大理石壁炉与水晶吊灯、优雅的复古家具合力表现欧式空间的华贵气派。

127　白色、米色、浅棕色、褐色、黑色，和谐的色彩调配赋予空间成熟优雅的韵味，也抹去了不同材质的拼凑感。

128　闪烁的花纹壁纸与大片的明镜一同提亮了空间色调，经典的纹路带着浪漫气息烘托主题，装点出温婉靓丽的休憩空间。

129 繁复而淡雅的花纹铺满了墙面，流露出淡淡的古典情怀。地面的拼花木地板与米白色的墙面有平衡、呼应的作用，调和出素雅的空间氛围。

130 摇曳多姿的花朵作为装饰主题元素，赋予空间女性的柔媚感觉。黑色的电视柜和床头柜起到了稳定重心的作用，打造空间视觉层次。

131 天花的浅浮雕造型与周边的花纹角线从细节上丰富了顶部空间，也表达了含蓄的古典情怀。

主要
装饰材料

❶
金箔壁纸

❷
石膏线

❸
软包

❹
花纹壁纸

❺
绣花

❻
人造石

132 地面的大理石拼花与吊顶的仿哥特式造型都具有视觉引导作用，展示出大纵深的走道空间，带出欧式经典格调。

133 空间里天花和墙面都运用细密的线条装饰，就连窗帘也层层叠叠，显示出对细节的不懈追求；在纯净的白色调里，挂画和座椅的几抹绿色恰到好处地点染出自然闲适的情调。

134 白色的大理石壁炉折射出浓浓的欧式风情，对称的天花设计搭配同样璀璨的水晶灯，空间的奢华感也放大了双倍。

135

136

137

主要
装饰材料

❶
木格栅吊顶

❷
复合实木地板

❸
木纹石

❹
黑金花大理石

❺
真丝手绘壁纸

❻
硬包

135 多处的黑金花大理石框边勾勒出空间层次感，壁炉造型的沙发背景墙悬挂一幅印象派画作，浓墨重彩的装饰风格吻合了空间气质。

136 床头背景墙的青灰色真丝手绘壁纸婉约典雅，西式矮柜上方一面太阳花装饰镜的金属光泽时尚耀目，不同的美感在空间中共融，焕发出无穷魅力。

137 几何分割的米黄色硬包装饰电视背景墙，与质感细腻、线条繁复的沙发背景墙形成对比，通过色调调和，将经典与现代完美结合。

138　玄关以均衡对称的形态呈现，沟通呼应了两侧的主体空间。黑色的罗马柱和金色的柱头引领了空间的奢华意味，彰显大宅不凡的空间气度。

139　通顶的电视背景墙以波澜壮阔的图案彰显与众不同的大家风范，简欧线条的家具沟通了古典与现代，点出空间的主题。

140　地面与墙面都采用米黄色调铺陈，凸显出电视背景墙的欧式壁炉和壁柱造型，家具和软装饰的咖啡色调进一步强化空间温馨雅致的风格特点。

141

142

143

141 浅啡网纹大理石通体打造墙面，材质表情冷峻时尚；高大的主题墙上银色的游鱼饰品打破平静的空间氛围，其姿态生动，具点睛之妙。

142 清雅含蓄的花纹壁纸与白色木板条搭配带来一室宁静，欧式床屏与床幔流露出异域风情，装饰手法不夸张却显得格调高雅。

143 几何纹样石膏造型的天花底衬银箔壁纸，与主题墙面雕刻华美的银色柱头、电视柜金色的雕花贴饰相辅相成，展现出美观华丽的空间特质。

主要
装饰材料

❶
金花米黄大理石

❷
大理石波打线

❸
大理石壁柱

❹
浅啡网纹大理石

❺
花纹壁纸

❻
石膏造型

144

145

146

144 金色的雕花柱头，金色的枝形吊灯，沙发背景墙金色壁纸与金属装饰造型相叠加，每个装饰细节都尽显华美气息，空间一派富丽堂皇。

145 空间由天花到墙面再到地面体现了棕色系的梯度变化，床头背景墙对称设置的明镜将暖色灯光的渲染力成倍放大，增添了空间的精致感。

146 依势打造的吊顶带来舒适的空间感，繁复的花纹壁纸与简洁的实木柜相对而立，动静呼应之间营造了轻松和谐的空间氛围。

147

147 电视背景墙米黄大理石边框内铺设金箔花纹壁纸，以内嵌茶镜的欧式壁柱收边，材质对比的手法与沙发背景墙的造型恰好呼应。

148 卧室整体的色调搭配浓淡相宜，拉高的吊顶设计带来舒适的空间高度，共同调和出无压舒适的休憩氛围。

149 界面运用简洁的几何块面来营造沉稳有序的居室氛围。沙发背景墙的大片明镜与电视背景墙的印花镜面联手打造延伸感，使空间尺度更加宜人。

148

149

主要
装饰材料

❶
金属造型

❷
车边银镜

❸
木质吊顶

❹
米黄大理石边框

❺
软包

❻
印花镜面

150

151

150 木线条框边的装饰手法体现在空间多个立面，极具延续性。沙发背景墙错落的马赛克装饰条和艺术壁挂灵动有趣，是空间的点睛之笔。

151 层层线条递进的异形天花带来欧式韵味，几何分割的电视背景墙展露简洁的现代气息，平衡与协调中，新古典的空间异常和谐。

152 金花米黄大理石铺贴的电视背景墙用银镜框边，形态和色调与空间各个界面都有呼应，打造了完整统一的典雅空间。

152

153

① 镜面马赛克

② 石膏造型

③ 金花米黄大理石

④ 茶镜

⑤ 麻纹肌理壁纸

⑥ 拼花实木地板

153 餐厅与客厅之间采用金壁辉煌大理石打造的罗马柱划分功能区域，彰显古典欧式风格的华丽精致、尊贵不凡。

154 通透的空间以白色和米白色为主色调，背景墙麻纹肌理壁纸和亚麻布沙发使空间沉静下来，自然质感增添居家的温馨气息。

155 银箔壁纸与金属亮光材质的装饰画、吊灯、家具饰面在空间里熠熠生辉，古典韵味与时尚气质有机融合，演绎新古典主题。

154

155

①

②

③

156 空间以明镜作为隔断，明镜采用与沙发背景墙相同的造型牵引视线，自然过渡空间又拓展空间，设计巧妙。

157 天花的边缘安装灯带倾泻下柔和的光线，强调了界面的构成感，渲染温馨氛围，也减轻了大面积的实体柜带来的单调感。

158 繁花朵朵绽放在粉色的床头背景墙上，满室温馨洋溢。 雕花床屏与床头背景墙的曲线造型异曲同工，淡雅醇美的田园风情流露出来。

159 几何块面组构的空间一派素雅宁静，墙面上一张色彩瑰丽的印象派画作给空间打上西方文化的鲜明印记，惊艳了空间。

160 驼色花纹壁纸与玻化砖地面统一的色调使空间感得到延伸。精美的复古餐边柜以曲线收边，与银边挂画组合出醒目的主题墙焦点，提升了餐厅格调。

161 天花与地面的线条有着现代的简约风，白色墙板有着古典的精美感，再加上泼墨壁纸、艺术雕塑，共同演绎自由不羁的混搭风。

主要
装饰材料

❶
实木边框

❷
金属装饰线

❸
泰柚木地板

❹
大理石波打线

❺
玻化砖

❻
文化砖

① 162

163 ②

③ 164

162 闪亮的银箔壁纸让卧室显得华美又浪漫，细腻的雕花床屏与温馨的黄色吊灯加强了欧式复古韵味。

163 白色基调的餐厅以大幅落地车边明镜横向拓展空间，明亮的灯光与烫金壁纸相辉映，空间显露出几分奢华韵味。

164 电视柜金色雕花贴饰、咖啡色床品与米色印花壁纸上相似的花纹元素反复出现，赋予空间和谐、柔美感。

165 沙发背景墙屏风造型的书画壁纸极具中式韵味，与爵士白大理石半隔断墙遥相呼应，东西方文化的沟通融合打造了一个品味独到的大气空间。

④ 165

166

167

168

主要
装饰材料

① 银箔壁纸

② 车边明镜

③ 泰柚木地板

④ 爵士白大理石

⑤ 车边茶镜

⑥ 艺术陶砖

⑦ 金箔壁纸

166 高光花纹壁纸和多头水晶吊灯搭配出经典的欧式情调，装饰茶镜与家具的金属质感给空间以现代气息，营造现代居家生活品味。

167 电视背景墙艺术陶砖的凹凸变化造型呼应了空间各界面的格子元素，加强了空间的整体性，使界面的装饰效果更丰盈饱满。

168 整面墙打造实用酒柜，简洁的线条具欧式韵味；金箔壁纸贴饰的灯池与地面的大理石拼花呼应，凝聚餐叙氛围。

169

170

169 床头背景墙蓝色复古纹样壁纸与两幅色彩明艳的装饰画活跃了空间，印花壁纸与由金色雕花贴饰的电视柜呼应，使空间更加亮丽出色。

170 沙发背景墙大幅现代感装饰画两侧镶嵌镜面马赛克与车边银镜，采用米黄大理石收边，空间沉静中不失华美。

171 由沙发背景墙面的烫金花纹壁纸到复古图案地毯再到电视背景墙的黑白水墨画壁纸，表现出空间界面的协调衔接，相似的装饰元素令空间给人花团锦簇之感。

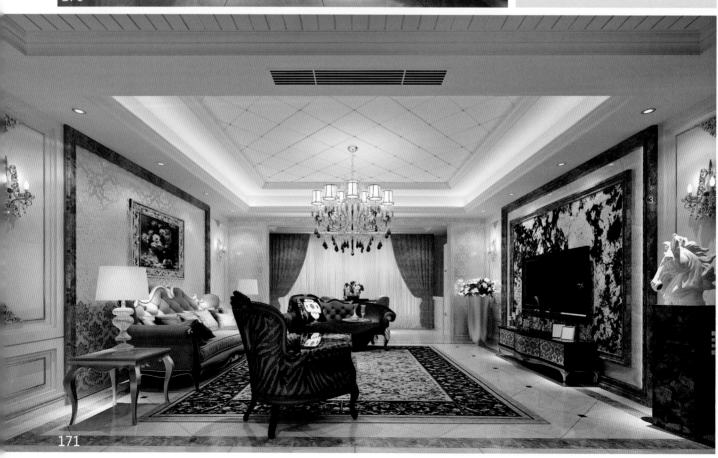

171

172 立面大幅明镜放大了空间感，同时也将水晶灯下银色餐具和餐桌椅的华丽质感加以渲染，搭配淡粉色的壁纸，空间愈显奢华。

173 暖黄色调打下温馨的空间基调，各界面造型线条以直线为主，加之材料的现代质感，空间倾向于轻古典风格。

174 连绵不断的银箔壁纸直接铺陈出欧式韵味，简洁的墙面悬挂两组现代装饰画丰富空间内涵，卧室空间舒适典雅。

主要
装饰材料

❶
木窗棂贴清镜

❷
镜面马赛克

❸
金花米黄大理石

❹
大理石波打线

❺
米黄大理石线条

❻
银箔壁纸

175 床头背景墙的曲面软包与深棕色的窗帘富有律动感，与菱形植物纹样的壁纸形成有趣的互动；自然纹理的柚木地板带来舒适的触感，温润了空间。

176 深咖网纹大理石壁炉和色彩流动的大幅油画既庄重又暗含热烈的情感表达，与高耸的欧式壁柱一起打造出挑高空间的不凡气势。

177 灰色大理石墙面打造内凹的展示柜并使用透光板造型，吸引了目光，也提亮了相对低调内敛的空间。

178

179

180

主要
装饰材料

❶
柚木地板

❷
深啡网纹大理石

❸
灰色大理石

❹
仿古实木地板

❺
装饰砖

❻
金属装饰线

178　米白色墙面素雅平和，凸显出松叶绿植物纹样壁纸铺贴的主题墙造型；黑色铁艺吊灯、蓝色系饰品，灵动有致的搭配令家居氛围多了几分休闲意味。

179　主题墙咖啡色装饰砖与米黄大理石有细微的色彩和纹理变化，浅灰色皮质沙发与花纹壁纸有呼有应，空间整体色调和谐，时尚大方。

180　半隔断式电视背景墙浓缩了欧式经典语言；墙板上的金色线条和金色角线，闪亮的烛台吊灯和欧式宫廷窗帘，都在精细地刻画复古空间的优雅魅力。

181

181 竖纹壁纸拉升了空间高度感，蓝白色调带来的清新触手可及；一盏黄色灯罩的铁艺吊灯曲线玲珑，既是视觉中心又是经典的装饰符号。

182 雪花白大理石贯穿全室，中间镶嵌镜面马赛克装饰条有视觉引导作用；沙发背景墙大幅荷花图流露东方式的清风雅韵，多元空间异样精彩。

183 青瓷色乳胶漆墙面温婉典雅，白色雕花装饰线锦上添花，赋予空间强烈的艺术美感。

182

183

184 葱绿色壁布与白色镶木板醒目大方的色彩搭配极富立体感，棕红色拼花实木地板带来进一步的视觉冲击，抒发隐含的热烈情感。

185 宽大的主卧采用色泽温暖的拼花实木地板铺陈出深沉优雅的空间气质，床头背景墙实木造型的对称形态呼应电视隔断墙的设计，空间显得端庄大方。

186 大花白大理石看似单调，但因拓缝和凹凸变化的设计而丰富了视觉感受；呈几何线条的车边镜与大花白大理石形成材质对比，共同塑造出明净的空间感。

主要
装饰材料

❶
竖纹壁纸

❷
雪花白大理石

❸
青瓷色乳胶漆

❹
壁布

❺
拼花实木地板

❻
大花白大理石

187

188

187 白色实木造型、黑色家具的经典语汇装饰空间，棕色麻编肌理的床头背景墙以马赛克装饰条镶嵌，空间的装饰效果丰富多样。

188 墙面采用米黄大理石打造出爱奥尼柱拱门形态，赋予空间雍容庄重的古典美。卷草纹金漆扶栏和豪华的吊灯熠熠生辉，形成了靓丽的空间焦点。

189 红胡桃木饰面板与家具的色调呈现温暖质感，与同色调的实木地板形成和谐的空间氛围；由亮丽的壁纸与灯带衬托的白色吊顶则使空间不至于暗沉。

189

190

191

192

①
麻编肌理软包

②
米黄大理石壁柱

③
红胡桃木饰面板

④
皮革软包

⑤
车边银镜

⑥
雕花灰镜

190　相对于简洁的电视背景墙，床头背景墙的造型显得丰富而有质感。一盏多头水晶吊灯略显奢华，给新古典风格的居室增添熠熠光辉。

191　浓情欧式主题空间，装饰元素从材质到色彩到细节都有丰富的体现。开阔高挑的空间结构展现奢华与高贵的宫廷风范，演绎穿越时空的古典美。

192　流畅完整的米色乳胶漆墙面使空间倍感纯净，电视背景墙侧面一幅雕花灰镜醒目灵动，空间看起来更具艺术气质。

193

194

195

193 大面积铺贴的金箔壁纸让空间熠熠生辉，醒目的罗马柱引领视线延伸，古典氛围让空间显得华美高贵。

194 空间的两大主题墙只有简单的层次造型，灰色系的壁纸衬托出儒雅内敛的空间气质。舒适的躺椅和柔软的皮草地毯则是一种个性表达。

195 驼色的肌理壁纸搭配灰色调的沙发、地毯，带来舒缓的视觉感受。大量方正的几何块面使空间具有极简风格的利落与清爽。

196 法国金花大理石整合了空间的墙面装饰造型，米黄色调凸显电视背景墙和沙发背景墙的深棕色块，突出了视觉焦点。

197 轻柔淡雅的印花壁纸与洁净的白色木板奇妙地融为一体，床头背景墙的棕色硬包和紫色床屏以跳跃的颜色和造型成为视觉焦点。

198 红棕色的实木地板与艺术壁纸铺贴的电视背景墙相呼应，铺陈出一室的沉静与醇厚，温暖的气息让家居氛围舒适踏实。

主要
装饰材料

❶
金箔壁纸

❷
旧米黄大理石

❸
米黄大理石

❹
法国金花大理石

❺
实木线条刷白漆

❻
艺术壁纸

① 199

② 200

③ 201

199 错落有致的米黄大理石用镜面马赛克装饰条嵌缝，现代感十足；深棕底色的烫金植物纹样壁纸铺贴沙发背景墙，衬托洛可可式家具，空间呈现出精致的美感。

200 咖啡色的床头背景墙两种不同的材质自然融合，给居室带来温情暖意；金属条的镶嵌与银色床头柜呼应，时尚气息活跃了平静的空间。

201 墙面、窗帘、床品相同的花朵元素汇成粉红色的花海，浪漫情怀盈满空间。床头背景墙打造出两扇百叶窗意象，渲染出清新恬静的田园气息。

202 极简的设计使空间有种现代风格的清透纯净，电视背景墙刷上深墨绿色的乳胶漆带来醇厚内敛的色彩特质，彰显与众不同的个性。

203 墙面通体贴饰蓝白竖条纹壁纸，有效拉伸了空间高度感。白色木质吊顶与白色木质墙裙相呼应，丰富的线条富有节奏感，空间显得灵动清爽。

204 蓝色调的点、线、面在各个界面都有呼应和联系，从视觉效果到主题表现都给人以清新感受，空间盈满了宛如海洋般的气息，让人无比舒畅。

202

203

204

主要
装饰材料

❶
镜面马赛克

❷
金属条

❸
实木板条混油

❹
有色乳胶漆

❺
无纺布壁纸

❻
艺术墙砖

205

206

205 大面积米黄色肌理漆强调干净素雅的空间基底，简化的古典线条呼应了各界面的矩形元素，不复杂却能勾画出视觉层次。

206 餐厅空间大面积铺贴爵士白大理石，黑金花大理石局部勾画，形成很强的视觉张力，也令典雅的空间充满华贵气息。

207 白色罗马壁柱是空间里的主题符号，静静耸立，无声地传递着千年的文化底蕴。电视柜带来鲜活的时尚表情，空间表现既复古浪漫又靓丽大方。

207

208 空间布局紧凑流畅，色彩的运用相对简单。空间的一个立面以黑色烤漆玻璃贴饰，点缀其上的白色相框组合现代感十足，给空间融入丰富情感。

209 蓝与白为主色调的空间，异域风情十足。黄色木质拱门表现出强烈的视觉张力，给空间带来明朗活泼的欢快气氛。

210 墙面的白色皮革软包在灯光下尤为细腻纯净，与深褐色木质边框形成视觉反差，呼应电视柜造型的同时也减轻了空间的厚重感。

主要
装饰材料

❶
胡桃木边框

❷
大理石拼花

❸
实木格栅吊顶

❹
黑色烤漆玻璃

❺
花式地砖

❻
实木角线

211 紫绢色花纹壁纸与白色实木造型交替塑造墙面语言，带出开放式空间的流畅感。灰色亚麻布沙发、湖蓝色抱枕体现色彩层次，营造简单尺度的休闲感。

212 棕色窗帘和浅驼色暗纹壁纸营建了温馨舒缓的休憩空间，床头背景墙的绒布硬包和家具的直线条使欧式风格的刻画不至于繁复。

213 迷你吧台让开放式厨房与餐厅互动交流，集装饰与实用于一体。欧式线条装饰的天花与枝形吊灯将古典融入到现代空间，体现一种对生活品质的追求。

214

215 黄色印花壁纸与新米黄大理石
作为立面的主体材料，强调了餐厅
区域的完整度；复古餐桌椅与墙面
花纹有呼有应，营建简单却温馨的
餐叙场景。

214 玄关对景墙的马赛克拼花灵动
靓丽，与天花和地面都有花纹元素
的呼应，欧式风情浓郁而不厚重。

216 墙面以啡网纹大理石为主要材
质，隐隐约约的天然纹理装点着空
间。蓝绿色的单椅和挂画拉开色调
对比，缓解审美疲劳。

216

主要
装饰材料

❶
实木造型刷白漆

❷
绒布硬包

❸
仿大理石地砖

❹
马赛克拼花

❺
新米黄大理石

❻
啡网纹大理石

217 白色木板条分割并整合了不同的装饰材质，丰富立面层次。精致纷繁的软装饰品让柔美典雅的空间质感再次进阶。

218 精致的花纹铺满卧室墙面，体现了丝丝浪漫情怀。欧式床屏在点光源的照射下流露出雍容华贵的空间表情。

219 相同的深棕色硬包造型相对而立，同色系的地板自然地衔接了两个立面，形成感性内敛的私密空间。

220 米白色的木板条和密度板混油的实用柜以简化的欧式线条给人以主题联想。银箔壁纸贴饰的圆形灯池在规整有序的空间中无疑是视觉焦点。

221

222

223

221 灰色调的空间以适当的黑白色穿插点缀，轻古典的造型语言、微现代的材料质感，空间呈现素雅低调的样貌。

222 绿色由床头背景墙过渡到条纹地毯再晕染到电视背景墙的花纹壁纸上，气息相连的色彩元素带来活力和节奏感，令空间赏心悦目。

223 看似简单的白色造型电视背景墙底部镶嵌黑镜，减轻体量的同时与正对面的黑白装饰画相呼应，静中有动，活跃了空间。

主要
装饰材料

❶
木线造型刷白漆

❷
泰柚木地板

❸
玻璃马赛克

❹
密度板混油

❺
金箔壁纸

❻
浮雕壁纸

❼
人造大理石

224

225

226

224 界面没有冗余的装饰，唯有简单的材料质感诠释空间气质；主题墙简洁的壁柱设计微微透露一丝古典气息，展示主题。

225 灰色木纹玻化砖与麻纹肌理壁纸共同打造宁静内敛的空间气质；混搭一把黑色皮质躺椅，表达业主崇尚自我的生活态度。

226 典雅的金丝米黄大理石延伸铺贴，带来纯净美好的氛围感受。空间里交叠着点线面平面构成手法，独具一格。

227

228

227 灰底黑纹的图腾壁纸与银色皮质沙发互相衬托，简洁的雅士白大理石和车边镜搭配，两大主题墙一古一今、一繁一简，演绎轻古典主题。

228 金箔壁纸和金、银色点缀的空间着重于华丽色系的铺陈，形成光影流动的绚丽感，彰显浪漫奢华的情调。

229 几何线条元素构成的空间显得理性低调，舒适奢华的皮草地毯呼应了啡网纹大理石电视背景墙，给空间增添柔软质感。

229

主要
装饰材料

❶
新米黄大理石

❷
木纹玻化砖

❸
金丝米黄大理石

❹
雅士白大理石

❺
金箔壁纸

❻
啡网纹大理石

230 棕色系的餐厅空间里，银色卷草纹装饰的黑色餐边柜突显高贵典雅的气质，成了餐厅最美的装点。

231 啡网纹大理石为主打材料营造大气爽朗的空间格调。地面的黑金花大理石卷草纹图案突显经典之美，拼贴成精致焦点。

232 深浅色彩对比的手法凸显出空间的立体层次，吊顶饰以大块面的茶镜，其借景作用拉升高度感，打造清透舒适的餐厅环境。

233 分布在空间各个界面的菱形元素将空间轻盈地串联在一起。亮闪闪的柱头，金色的雕花贴饰，璀璨的水晶吊灯，强化了古典主题。

234

235

236

主要
装饰材料

❶
啡网纹大理石

❷
黑金花大理石拼花

❸
黑胡桃木饰面板

❹
茶镜

❺
花鸟图案壁纸

❻
木质百叶造型

❼
复合实木地板

234 明度适中的蓝调墙面与同色系花鸟图案壁纸搭配，展现色调的高度协调。仿古箱式电视柜呼应了墙面色彩，极具设计感。

235 蓝白主调的空间轻松宁静，古铜色风扇吊灯引领空间众多元素，表达美式田园的质感。

236 卧室延续了公共空间的材质与色彩，床头背景墙的花鸟图案壁纸作为主题装饰，带来一份清雅的空间余韵。

237 比例适当的酒柜不显笨重，打造出立面起伏的层次感。天花搭配一盏夺目的水晶吊灯，凝聚温馨的餐叙氛围。

238 清透的米色系空间在灯光的渲染下散发柔和光晕，电视背景墙饰以黑金花大理石壁柱，营建新古典氛围。

239 开放式的通透空间里，棕色与黑色的块面构成令空间色彩层次化。天花中心一盏黑色大吊灯以突出的存在感引人瞩目。

240

241

242

主要
装饰材料

❶
大理石波打线

❷
金箔壁纸

❸
大理石线条

❹
仿古砖

❺
无纺布壁纸

❻
红橡木饰面板

240 开放轩敞的公共空间，利用仿古砖的材质与色彩营造质朴温暖的空间基调；素花壁纸和碎花布艺沙发将自然元素融入居家生活。

241 简单的线条与典雅的色彩搭配出温婉安宁的卧室氛围，深色地板、家具与立面的质感差异塑造了空间的视觉层次。

242 红橡木饰面板和壁纸调和出温暖静谧的休憩空间。拱形电视背景墙、欧式床幔、银色威尼斯镜，将优雅浪漫的复古情怀融于细节之中。

243

244

245

243 米黄色调与灰色调的搭配以大跨度的色彩差异塑造出界面的层次感，不同的材质丰富了空间的装饰效果，也给空间添加时尚个性。

244 淡雅的乳胶漆墙面和白色木质墙裙调和出清新纯净的空间感。铁件元素的质感与植物图案挂画诠释质朴的田园意味。

245 一气贯顶的斑马木饰面板突显空间的恢宏大气，绿色地毯、手绘墙画、大幅挂画一起装点出自然主义空间氛围。

246

247

248

主要
装饰材料

❶
啡网纹大理石波打线

❷
木造型刷白漆

❸
斑马木饰面板

❹
仿古砖

❺
黑胡桃木饰面板

❻
无纺布壁纸

246　深色的木作天花彰显豪宅风范；立面大花白大理石和地面仿古砖的材质过渡，减弱了空间的厚重感。

247　大尺度的印花壁纸表达一种优雅气度，黑胡桃木作边框的床头背景墙演绎稳重感，简约的构图让空间一派和谐温馨。

248　因曲折的空间结构顺势打造的多边形吊顶美化了天际表情，红胡桃木墙裙与同色调地面烘托出私密空间的温暖气息。

249　沉稳的实木饰面板装饰立面带来一室温润舒适，金属灰的桌几和床屏给空间增添精致美感。

251　材质混搭的电视背景墙以对比冲突丰富立面效果，色调浓郁的复古皮质沙发与水晶吊灯共谱奢华情调。

250　床头背景墙中段以白色皮革饰面，两侧的褐色硬包与地面的木地板自然衔接，平衡的空间色调处理打造安稳的睡眠空间。

252

253

254

主要
装饰材料

❶
实木饰面板

❷
有色乳胶漆

❸
金属雕花

❹
仿古砖

❺
绒布软包

❻
大理石拼花

252 立面铺贴灰色肌理壁纸，地面铺设灰色仿古砖，打造出冷峻内敛的空间格调。在细节上，实木饰面板的延展和沙发的粗麻质地却衍生出闲适感，陈述自由多变的生活趣味。

253 立面没有附加装饰，乳白色的皮革饰面与木板条的组构和谐统一。床头背景墙的绒布软包延伸到天花部分，强化细腻柔美的卧室氛围。

254 白色基调的错层空间以白色墙板和金色花纹壁纸明确空间段落，灵活点缀的金色和黑色线条增添尊贵华美的复古意味。

①

255

256

255 全通透的玻璃阳光房轻松坐拥室外美景，空间以贴近自然为主题，一幅画、一桌几就构建出舒适惬意的生活场景。

256 蓝底银花的壁纸清新靓丽，饱和的彩度使空间亦真亦幻；棕色地板让空间有了沉稳质感，安定入眠环境。

257 沙发背景墙以爵士白大理石壁炉和边框搭配视觉张力极强的黑底银花浮雕壁纸，通过材质肌理的对比丰富客厅的视觉层次。

257

258

259

260

主要
装饰材料

❶
米黄洞石

❷
实木线条刷白漆

❸
浮雕壁纸

❹
木纹地砖

❺
木质雕花板

❻
有色乳胶漆

258 典雅的白色调呈现纯粹的视觉干净度，深棕色的硬包主题墙塑造立面层次感，强调了空间的内敛品味。

259 白色木质雕花板串联起空间立面，也展开东西方文化的对话，多元化的装饰表情给人耳目一新之感。

260 天花和立面以蓝白双色拼接，色彩的纯粹与造型的现代感创造一种视觉冲击力，塑造了空间独特的个性。

261

262

261 电视背景墙铺贴镜面马赛克拼花并以爵士白大理石壁柱收边，在金色水晶吊灯的渲染下，空间显得清透靓丽。

262 素雅的壁纸和漆成白色的木板条搭配，无需繁复的线条即可引申主题风格。一盏烛台吊灯静静地点缀空间，不露声色。

263 圆形的灯池呼应圆桌摆设，凝聚餐叙氛围。一幅欧式花卉静物油画以独特的西方艺术特质烘托空间主题。

263

264

主要
装饰材料

❶
爵士白大理石壁柱

❷
皮革软包

❸
车边镜

265

264 经典的壁炉造型和义化石饰面的地台散发出乡村生活特有的温暖质朴气息，一幅风格浓郁的油画与之遥遥相对，以生动的场景烘托主题。

265 黑白对比中使用灰色过渡衔接，现代与西式古典融合的空间既时尚又典雅。一盏曲线玲珑的银色吊灯让空间充满艺术气质。

266 开放式空间藉由大片落地窗将日光引入，给米黄色与白色交叠的清新空间倾注温暖气息。

❹
石膏造型

❺
中花白大理石

❻
肌理漆

266

267

268

269

267　中花白大理石满铺的墙面镶嵌大幅车边镜，借景拓展空间舒适度。开放式餐厨结构则塑造无碍的对话空间。

268　空间以复古家具为基调设定，让轻古典主题延伸。沙发背景墙以深褐色的绒布软包组合对称的茶镜，衍生出虚实趣味。

269　大尺度金属质感的花纹壁纸引申出空间主题，菱形格纹的贯穿运用使不同界面的装饰材质有极好的延续性。

270 黑胡桃木的大面积铺陈带来醇厚的居室氛围，沙棕色的绒布软包凸显出白色欧式雕花床屏，明度变化使空间显得更轻盈。

271 天花、灯饰、主题墙和家具均带有精致的曲线造型，空间以繁复的线性美诠释古典欧式的华贵与奢华。

272 为了呼应吊顶的藻井式设计，空间的两大主题墙采用不同材质分段造型，而出现在各界面的格子元素同样体现了空间的完整性。

主要
装饰材料

❶
中花白大理石

❷
大理石拼花

❸
皮革软包

❹
复合实木地板

❺
橙皮红大理石

❻
大理石波打线

273

274

273 电视背景墙以大马士革图腾壁纸引出主题联想，银色复古电视柜和现代质感的落地灯在不同风格的碰撞对比中寻求和谐共融。

274 艾奥尼柱组构的门廊划分出玄关段落，雕花端景柜与花卉静物油画预告了主体空间的欧式风格。

275 纯净的白色空间，黑色和金色的矩形线条勾画界面层次，点染神秘与尊贵韵味，提升了空间典雅不凡的气质。

275

276 米黄大理石的连贯铺贴展现华丽大方的空间气质，圆形灯池和大理石拼花图案形成上下呼应的凝聚效果。

277 暖黄色拱形墙、刷白处理的砖墙、不显张扬的蓝色系软装饰，纯美的色彩组合带来异域阳光下的温暖与芬芳。

278 开敞的空间里，白色吊顶用规则的石膏花纹线条与多层线板装饰，周边饰以金箔壁纸，夺目的靓丽感使其成为视觉焦点。

276

277

278

主要
装饰材料

❶
肌理壁纸

❷
大理石拼花

❸
金箔壁纸

❹
深啡网纹大理石

❺
砖墙刷白漆

❻
米黄大理石

279

279　灰调的印花壁纸与白色木板条通体装饰立面，内敛的高雅使空间分外别致。灰色石材打造的壁炉凝聚了客厅主题氛围，装饰与实用两相宜。

280　挑高的空间，具有欧式风情的蓝灰色印花壁纸装饰立面，与白色仿梁架结构的顶棚造型一起演绎一段穿越时空的交响曲。

281　植物纹理的亮光壁纸以一种优雅的彩度扮靓沙发背景墙，电视背景墙设置的车边镜延伸空间景深的同时与壁纸呼应，空间更显清透亮丽。

280

281

282

282　天花以浅浮雕为中心，四周漾开层层线板再以圆弧角收边，点缀一盏流光溢彩的金色大吊灯，优雅大方的空间由美妙的天际线统领。

283　轻古典的空间，天花中心选用镀铬烛台造型吊灯，相同的灯具出现在餐厅区域，让空间彼此有了主题呼应。

284　形式多样的隔断巧妙化解了空间结构紧凑的问题，中性的色彩和简单的装饰容纳舒适自在的本真生活。

283

284

主要
装饰材料

1

雕花木线条

2

印花壁纸

3

啡网纹大理石边框

4

新米黄大理石

5

花纹瓷砖

6

有色乳胶漆

285

286

285　立面以帝皇金大理石大面积铺贴，铺陈出金碧辉煌的宫廷风范。怀旧风格的壁纸铺贴主题墙，稳住空间色调。

287　墙面选用统一的大理石材质，米黄色调营建一方天地的温情；天花以车边银镜装饰，丰富顶部空间材质，衍生虚实趣味。

286　帝皇金大理石的大片铺展营造完整的色彩氛围，主题墙高耸的拱门和壁柱造型打造敞阔大气的空间感，突显尊荣气派。

287

288

289

288 粉色系的条纹壁纸铺陈浪漫梦幻的氛围，白色实用柜体透过灯光和底部悬空的设计减轻体量感，营建温馨舒适的儿童成长空间。

289 淡雅的花鸟图案壁纸赋予空间古典美，多头水晶吊灯引出异域风情，融合了多元设计的空间意趣生动。

290 立面运用灰色麻纹肌理壁纸和白色木板条两种简单的材料营造自然舒适的空间感受，深色实木地板和黑色柜体则有沉淀空间色调之效。

290

主要
装饰材料

❶
深啡网纹大理石

❷
帝皇金大理石

❸
车边银镜

❹
仿古实木地板

❺
曲线实木地板

❻
肌理壁纸

291

292

293

291 雅士白大理石与茶镜携手而立，质朴的麻纹壁布与白橡木格栅相依相偎，材质混搭引出表情变换，时尚空间同时注入自然本真的生活质感。

292 沙发背景墙的米黄洞石塑造简洁利落的现代感，电视背景墙深褐色的艺术壁纸则蔓延典雅气息并丰富空间的线性美。

293 莹白的空间没有过度的装饰，洛可可式曲线意味的沙发座椅传达出空间的风格定位。

294

295

294 大块面的壁纸和雕花镜打造主题墙，凭借空间的高度优势展示出完美气度；凸出的二层弧形扶栏使空间的层次表现更加丰富。

296 白色窗格底衬清玻的隔断与二层木质扶栏醒目的线条勾画出大空间的结构层次，沙发背景墙大尺度怀旧花纹壁纸和方壁柱联袂铺展出异域主题，营建精工美宅。

295 空间界面没有繁杂的装饰线条，米黄色调的亮光壁纸与白色木板条成就高雅格调，高耸的欧式床屏引领淡淡复古风情。

主要
装饰材料

❶
麻纹壁布

❷
米黄洞石

❸
肌理漆

❹
大理石拼花

❺
无纺布壁纸

❻
米黄大理石

296

297 异材质混搭的电视背景墙其层次表现更加丰富，线条精致细腻的复古沙发为时尚空间注入古典气韵。

298 后退一步的电视背景墙设计使空间动线更为流畅。沙发背景墙荧光闪烁的复古纹样壁纸饰以现代油画，营建出新古典的雅致氛围。

299 整面的落地窗引导日光一路延伸，通透的装饰材质与轻盈的底色让开放空间呈现最大尺度的明朗与舒适感。

300

主要
装饰材料

1
茶镜

2
啡网纹大理石

300 莎安娜米黄大理石条做出电视背景墙的立体层次，现代材质演绎经典意象，诠释轻古典内涵。

301 开放的餐厨格局促进家人间的交流；白色展示柜与餐桌椅有平衡呼应之效，一并引申空间主题。

302 斜拼的仿古砖电视背景墙呈现淡淡的怀旧感，与赭石色印花壁纸以低对比的色彩还原舒适自然的空间质感。

301

3
人造大理石

4
莎安娜米黄大理石

5
肌理壁纸

302

6
仿古砖斜拼

303

304

303 床头背景墙蓝色曲面软包以欧式方壁柱收边打造异域风情；两侧装饰木线条内的壁纸提取中式元素，进一步丰富空间内涵。

304 原木格栅造型吊顶呼应了空间自然闲适的轻松气氛，放置健身器材使阳光房兼具运动功能。

305 大理石和车边镜的组合打造明净典雅的空间。卷草纹雕花密度板底衬明镜，曲线装饰元素柔化了空间，增添艺术气息。

305

306

❶
曲面软包

❷
木格栅吊顶

❸
雕花密度板

❹
雕花银镜

❺
橙皮红大理石

❻
无纺布壁纸

306 通顶的展示书柜规整却富有韵律感，方正格局中一幅意境幽远的现代画提升了空间的人文内涵。

307 珍珠灰的乳胶漆墙面成为干净的背景色，凹凸有致的立体感使两大主题墙醒目突出，洗练的现代设计手法塑造出敞阔大气的客厅空间。

308 开放式空间以错开的吊顶造型确立区域划分，优雅的餐桌椅延续了客厅电视背景墙的色彩元素，以细节串联起整体设计风格。

307

308

309

309 空间各界面以极简的设计和极少的装饰元素释放舒适空间感，展现家居空间的当代品味与洗练意涵。

310 暗藏的灯带将蜿蜒曲折的吊顶勾画出来，明亮的天际线产生较强的视觉导向性和趣味性，打造出与众不同的空间感。

311 厨房的规划安排塑造了一体化的醒目简约，一幅色彩明艳的现代装饰画、一组创意吊灯，为餐厅注入动感时尚。

310

311

312 依墙而立的展示柜层板之间以雕花银镜衬底，柜体显得体量轻盈，令简洁温馨的餐厅获得更多的舒适感。

313 宽敞的卧室规划了书房功能，简洁的设计语言使空间稳健大方。雕花的欧式床屏隐隐透出奢华感，展示主题。

314 几何块面打造的现代感电视背景墙衬托出沙发背景墙的清逸典雅，文化气息和艺术美感并存将空间品质提升。

主要
装饰材料

❶
灰镜

❷
仿古砖

❸
大理石边框

❹
拼花木地板

❺
白瓷片

❻
花鸟图案壁纸

315

315 方正的造型和中性的色调营造出简洁利落的空间情境，木纹镜框与亚麻布沙发单椅微微增添质朴的居家温情。

316 开放式空间以白色雕花密度板隔断缓冲视线，同时与黑白装饰画共同营建自然韵味。空间以精简的装饰、纯净的色调打造轻松无压力的生活氛围。

317 珍珠灰与白色的色块营建清雅内敛的空间氛围，丰富的摆件和饰品充满活力和趣味，让浪漫因子轻盈入室。

316

317

318

319

主要
装饰材料

❶
有色乳胶漆

❷
白瓷片

❸
柚木地板

❹
土耳其灰大理石

❺
大理石边框

❻
人造大理石

318 水晶板黑色线条装点的吊顶
与地面的黑色波打线完美契合，
深色线条勾边的手法体现在各个
界面，实现空间的高度谐调美。

319 镜面玻璃的运用延伸了空间深
度，丰富了空间语言；菱形车边图
案将空间有机地融为一体。

320 黑白灰的主色调演绎经典的
时尚表情，亮黄色的单椅、抱枕和
绿色植物的点缀给空间注入清新与
活力。

320

321 米白色床头背景墙以纵横交错的线条引领空间的几何线性美，水晶板黑色线条勾画的天际曲线与床头背景墙的边框呼应，丰富空间层次。

322 创意十足的花瓣造型吊灯撷取艺术壁纸的花瓣元素，空间有了靓丽的焦点。

323 大面积铺陈的灰色调突显空间的冷峻与理性感，橘色靠枕与红色摆件在一片沉郁氛围中跳脱而出，凝聚焦点。

324　淡雅的空间以冷暖变幻的装饰语言分别装点两面主题墙；田园风的碎花壁纸柔化空间表情，增添温馨感。

325　立面清浅着色作弱化处理，深褐色泰柚木地板承载着典雅的欧式座椅，空间层次清晰，主题鲜明。

326　清澈的粉蓝色乳胶漆装饰墙面让人仿佛置身在大自然里畅快地呼吸，配合木质元素和铁艺饰品，打造出田园小清新风情。

主要
装饰材料

❶
曲面软包

❷
艺术壁纸

❸
木纹地砖

❹
无纺布壁纸

❺
泰柚木地板

❻
肌理漆

327

327 挑高的吊顶释放更多的高度给生活空间，立面没有繁复的造型，电视内嵌的设计争取了更多的空间，意在打造轻松自在的居家氛围。

329 挑高的吊顶延伸视觉高度。床头背景墙对称的黑镜丰富材质表情，延展多变的视觉空间。

328 经典的圆形灯池凝聚餐叙氛围，与地面方形构图营建"天圆地方"的意趣。疏密线条分割的驼色墙面饰以黑色艺术镜，装点出空间的精致美感。

328

329

330

331

主要
装饰材料

❶
仿古砖

❷
土耳其灰大理石

❸
黑镜

❹
文化砖

❺
软包

❻
肌理硬包

330 文化砖、木格栅、木圈椅、原始质感的木凳和花架，一起组构朴实亲切的居家感，同时给现代感空间增添一丝古朴韵味。

331 菱形的咖啡色软包和床屏形态一致，完美衔接。两侧的珍珠白雕花木线条揉入古典韵味，装饰主题空间。

332 咖啡色床头背景墙疏密有致的几何线条带来平稳的视觉感受，各界面和谐的色阶变化营建出温馨静谧的空间氛围。

333 米黄色的曲面软包和金属光泽的印花壁纸以相同的色调铺陈出舒适高雅的卧室氛围，也在动静、繁简之间寻求视觉效果的最佳平衡。

334 色彩对比柔和的空间给人温婉典雅的视觉感受，欧式的雕花床屏与印花壁纸作为经典元素传达空间的风格定位。

335 沙发背景墙新米黄大理石边框内铺设复古植物纹样壁纸以方壁柱收边，欧式的经典意象给空间融入一派典雅与大方。

336

337

主要
装饰材料

❶
曲面软包

❷
泰柚木地板

❸
新米黄大理石

❹
格子式木地板

❺
麻纹壁纸

❻
实木造型刷白漆

336 开阔的场域在白色基调上只选用了简单的蓝色调和棕色调渲染，赋予空间极高的视觉纯净度，没有繁华点缀，依然自信雍容。

337 空间运用洗练的线条与造型彰显现代品味。深浅不同的棕色块在空间里错落分布，增添柔和质感。

338 立面的印花壁纸和白色雕花实木造型展现出复古情怀；而通透的主卫设计张扬时尚个性，打破了单一的空间表情。

339　纯净的白色基调中，材质混搭的电视造型墙创造视觉变化，形成设计亮点。复古款式的沙发座椅呼应经典花纹壁纸，空间呈现轻古典风貌。

340　以方正块面为主要设计元素的空间显得规整有序，充满设计感的吊灯和红色艺术摆件活跃了空间。

341　深沉的木色与米黄洞石以恰当的比例达成材质的软硬对比和色调的深浅平衡，空间呈现出端庄儒雅的气质。

342　电视背景墙以白色的壁炉造型构筑古典氛围的核心，空间舍弃了繁杂装饰，因品位不凡的家具尽显高雅格调。

343

344

345

343 色彩缤纷的开放式空间，原始淳朴的田园风扑面而来，浓郁的色调和无处不在的葱茏绿植传递回归自然的空间主题。

344 完整的紫藤灰墙面渲染出宁静内敛的休憩氛围，白色的门套、踢脚线和拱形门连续不断，勾勒出空间的立体层次，极具装饰美感。

345 电视背景墙以内敛的棕色皮革硬包组合对称的艺术清玻，呼应了形态一致的沙发背景墙，均衡布局带来沉稳大气的空间质韵。

主要
装饰材料

❶
米黄大理石边框

❷
密度板

❸
米黄洞石

❹
石膏造型

❺
实木线条刷白漆

❻
有色乳胶漆

❼
皮革硬包

346 立面以黑色木格栅和褐色壁纸有效划分空间段落，无尽延伸的白色天花和无障碍的空间动线塑造敞阔空间的沉稳自信。

347 米黄色墙面、绿色床具与边柜、绿格子窗帘组构了田园风情空间，营造平凡温暖的幸福居家生活氛围。

348 珍珠灰壁纸与白色木板带来轻古典气氛，绿色座椅搭配绿色鼓凳，混搭风格空间展现独特的美学品位。

349

350

主要
装饰材料

❶
爵士白大理石

❷
有色乳胶漆

❸
仿古砖

❹
金箔壁纸

❺
黑金花大理石

❻
胡桃木饰面板

349　空间以温润的木色大量
铺陈，营造端庄沉稳的气质；
两个顶棚均铺设金箔壁纸，
提亮空间，增添奢华气息。

350　敞开式结构的大空间以
沙发座椅背靠矮柜区隔功能区
域。主题墙造型采用胡桃木
饰面板以黑金花大理石壁柱收
边，低调展现空间沉稳质感。

351　胡桃木饰面板和同色调
的实木地板组构沉稳醇厚的
卧室氛围，精雕细刻的实木
家具彰显空间的尊贵品质。

351

352　棕色的床头背景墙造型与实木地板营造温馨醇厚的卧室氛围，现代轻材质的穿插运用贴近现代都会人的生活品味。

353　协调的色彩抹去了空间界面的拼接感，空间氛围柔和静谧。大幅的皮革饰面以车缝线跳出亮点，低调且富有质感。

354　白色实木造型与复古纹样的壁纸打造简约雅致的空间感，皮草地毯与质朴的木色让居室更加柔软温馨。

355

主要
装饰材料

❶
茶镜

❷
皮革硬包

❸
复古壁纸

❹
绒布软包

❺
有色乳胶漆

❻
胡桃木边框

356

357

355 净白的空间底色中，暖黄色绒布软包的床头背景墙带来温暖质感，衬托着白色雕花床屏，营造典雅又温馨的居室氛围。

356 紫藤灰的乳胶漆墙面在白色调的衬托下更显纯净，一幅东方气韵的荷花图赋予空间卓尔不凡的淡雅气质。

357 床头背景墙菱形的皮质软包和车边镜以樱桃木框边，殊异的材质表情丰富空间视觉效果。悬垂而下的水晶吊灯占据视觉中心，点染出空间的古典氛围。

358

358 米黄色营造的空间典雅而温馨；深色大理石波打线点缀在地面上，丰富了视觉感受，同时活跃了空间气氛。

360 通透宽敞的客厅空间以对称的原则布置；立面延续的木质表情完整空间氛围；挑高的吊顶以光带衬托，减轻空间的厚重感。

359 空间以大地色系与绵延的绿意打造充满趣味的田园风。自然元素的大量铺陈营造温暖氛围，表达丰富情感。

361 米黄大理石饰面营造卫浴间的利落清爽感，双盆洗手台面的设计给人以星级酒店的精品享受。

359

360

361

⑤

362

⑥

363

362　松叶绿乳胶漆墙面和仿古砖地面相对简单的色彩调和，传达自然淳朴的气息。没有主光源的吊顶用层叠的线条和灯带描绘，让顶部空间显得轻盈灵动。

363　绿格子壁纸极富视觉张力，丰富的立面线条带来轻松活力。而白色块则打造需要安静的学习阅读区域，兼顾功能性。

364　电视背景墙运用规则的矩形边框展现利落的现代感。揉入怀旧情感的植物纹样壁纸连绵不断装饰立面，赋予空间新古典内涵。

主要
装饰材料

❶
茶镜

❷
拼花实木地板

❸
沙比利饰面板

❹
米黄大理石

❺
仿古砖

❻
壁纸

❼
实木线条刷白漆

⑦

364

365

366

365 沉稳的色泽，朴实大方的精简造型，让卧室空间显得精美雅致；矩形、菱形、多边形，每个界面上都有丰富的线条语言，刻画出一种有条不紊的理性生活态度。

367 欧式壁柱和壁炉造型以及墙面的线形元素，吊顶上无处不在的装饰线条，都诠释了空间的简欧主题；素净典雅的色调使空间气质格外清新脱俗。

366 中花白大理石铺贴的电视背景墙与几何线条构成的沙发背景墙形成反差对比，红色摆件以极强的视觉冲击力打破了空间的严肃感。

367

主要
装饰材料

❶

玫瑰木饰面板

❷

中花白大理石

368 黑与白的色彩搭配使空间显得时尚而经典；黑色印花壁纸铺贴的电视背景墙个性鲜明，曲线图案柔和了以直线为主旋律的空间质感，增添了浪漫气息和艺术感染力。

369 和谐的配色和简洁的造型突出了墙面花纹壁纸和皮革软包的细腻质感，在灯光的映射下，色调表现恬静柔美，形成高雅与浪漫共融的空间气质。

370 两面主题墙的装饰形态相似，均使用了金线米黄大理石框边，同时应用暖黄色灯光突出其肌理质感和立体效果，赋予空间温馨感，令人愉悦。

❸

石膏线条

❹

茶镜条

❺

皮革软包

❻

金线米黄大理石

371

372

373

371 沙发背景墙与电视背景墙装饰形态相似，矩形的重复使用突显形式美感。对称的印花艺术茶镜和金属材质的吊灯给空间增添了灵动的表情，彰显自由时尚的个性。

372 简洁的吊顶内嵌特色小射灯，仿佛星星闪烁；淡粉色壁纸满铺的沙发背景墙与之呼应镶嵌了一面太阳花装饰镜，打造出一个自然气息浓郁的空间，让人尽享惬意生活。

373 开放式空间由充满设计感的异形吊顶分割又统一，不显拘谨；黑白灰的经典用色使空间充满时尚韵味。添加一些欧式饰品及家具后，空间流露出低调奢华风。

3/4 客厅陈设欧式复古家具，沙发背景墙两侧的茶镜上搭配复古壁灯，不同的区域之间采用印花清玻作隔断，空间既有欧式风格的华丽精致感，又有现代简约的时尚气质。

375 沙发背景墙的菱形车边茶镜使狭长的空间在视觉上得到延展拓宽，增加居室舒适性；墙面与地面菱形图案的呼应使空间联系紧密，清浅的用色和通透的材质显现出轻盈靓丽的装饰效果。

376 浅啡网纹大理石与米黄大理石在对比互衬中打造出层次感，没有繁复的造型和张扬的色彩，空间的立面通过若隐若现的纹理与图案表达了内敛含蓄的生活态度。

374

375

376

主要
装饰材料

❶
米黄洞石

❷
实木造型刷白漆

❸
石膏造型

❹
中花白大理石

❺
车边茶镜

❻
浅啡网纹大理石

377

377 爵士白大理石连续铺贴衬托出香槟金色花纹壁纸的靓丽质感，奢华气质的金色枝形吊灯和浮雕吊顶突显欧式风情，空间的视觉效果显得华丽饱满。

378 米白色调的空间淡雅怡人，欧式壁柱和浮雕造型连接刷白漆的实木墙裙，呈现经典欧式复古韵味；下沉式异形吊顶搭配晶莹闪烁的水晶吊灯，渲染出低调华贵的空间印象。

378

379

380

381

主要
装饰材料

❶
爵士白大理石

❷
白橡木浮雕

❸
茶镜

❹
银箔壁纸

❺
啡网纹大理石波打线

379 欧式花纹壁纸和璀璨的吊灯呼应带出复古的主题，茶镜与金属元素的材质表情又彰显时尚的态度，最终现代与经典完美融合、相得益彰。

380 居室墙面与地面的色彩衔接和过渡非常自然，巧妙的设计减弱了空间结构上的曲折感，打造出一室的温馨与雅致。

381 电视背景墙简洁清新，淡粉色的肌理漆墙面素净典雅，仅以一幅静物油画装饰，搭配舒适惬意的紫灰色布艺沙发，营造出一个极有亲和力的简约纯美家。

382

383

382 空间的立面造型简洁明快，沙发背景墙铺贴浅咖啡色花纹壁纸渲染典雅气质；一组淡紫色的复古沙发散发着浪漫的异国情调，梦幻的色彩令空间显得高贵矜持。

383 白色的烤漆玻璃、石膏造型和木质饰面板作为空间的主要装饰元素，表现雅致与唯美的空间内涵。温润的实木地板与床头背景墙的咖啡色聚氨酯软包呼应，平衡空间色彩，也给居室增添温馨感。

384 电视背景墙的白色饰面板与茶镜采用相同的几何装饰纹样，虚实对比赋予空间时尚气息；沙发背景墙的印花壁纸柔美典雅；两大主题墙风姿各异，碰撞与呼应之间使空间协调有序。

384

385

386

387

主要
装饰材料

❶
车边银镜

❷
白色烤漆玻璃

❸
啡网纹大理石

❹
石膏线条

❺
黑白根大理石

❻
植绒壁纸

385 吊顶的边框做倒角处理，申视背景墙以曲折多变的石膏线条来造型，沙发背景墙采用白色木线条做弧形收边，设计者以细腻浪漫的方式丰富装饰语言，解析动线格局，空间显得奢华而富有情调。

386 黑白灰的经典对话，温文尔雅中透露着极高的品位。现代轻材质的融入，给空间的古典韵味注入时尚活力。

387 驼色的植绒壁纸运用同色系的浅啡网纹大理石作边框，既统一又有差异；欧式家具的金属线条充满时尚气息，契合现代欧式的风格特点。

图书在版编目（CIP）数据

名师家装新图典 . 欧式精致风格 / 叶斌编著 . —福
州：福建科学技术出版社，2015.8
ISBN 978-7-5335-4801-8

Ⅰ .①名… Ⅱ .①叶… Ⅲ .①住宅 – 室内装饰设计 –
图集 Ⅳ .① TU241-64

中国版本图书馆 CIP 数据核字（2015）第 136096 号

书　　名	名师家装新图典　　欧式精致风格	
编　　著	叶斌	
出版发行	海峡出版发行集团	
	福建科学技术出版社	
社　　址	福州市东水路 76 号（邮编 350001）	
网　　址	www.fjstp.com	
经　　销	福建新华发行（集团）有限责任公司	
印　　刷	福州德安彩色印刷有限公司	
开　　本	889 毫米 ×1194 毫米　1/16	
印　　张	8	
图　　文	128 码	
版　　次	2015 年 8 月第 1 版	
印　　次	2015 年 8 月第 1 次印刷	
书　　号	ISBN 978-7-5335-4801-8	
定　　价	35.00 元	

书中如有印装质量问题，可直接向本社调换